SOCIÉTÉ CENTRALE D'AGRICULTURE DE NANCY.

SÉANCE PUBLIQUE DE 1846.

COMPTE RENDU DES TRAVAUX.

PARTIE AGRICOLE.

1846

PRÉCIS DES TRAVAUX

DE LA

SOCIÉTÉ CENTRALE D'AGRICULTURE DE NANCY,

DEPUIS SA DERNIÈRE SÉANCE PUBLIQUE,

PAR M. CHRÉTIEN (DE ROVILLE),

Professeur à l'École normale, Secrétaire-Adjoint.

Lu en Séance publique le 3 mai 1846.

MESSIEURS,

En me donnant une preuve de votre confiance, lorsque vous m'avez appelé aux fonctions de Secrétaire-Adjoint, vous m'avez chargé en même temps du compte rendu annuel de vos travaux. Ce nouveau témoignage de la Société m'a été extrêmement sensible, et, en vous priant ici, Messieurs, d'agréer l'expression de ma reconnaissance, je n'éprouve qu'un seul regret, qu'une seule crainte, c'est de me trouver trop au-dessous de la tâche qui m'a été confiée. L'intérêt que toutes les classes de la société portent aujourd'hui à l'agriculture, l'indulgence que l'on ne refuse jamais aux bonnes intentions, ont pu seuls me permettre d'accepter les fonctions que je viens remplir aujourd'hui.

Etre bref est une condition presque indispensable en semblable occasion ; aussi, Messieurs, chercherai-je à vous rappeler dans les termes les plus courts possibles les principaux points qui ont attiré votre attention et les principales discussions auxquelles vous avez cru devoir prendre part, en vue des intérêts les plus chers au pays. La Société de Nancy laissant rarement échapper l'occasion de signaler son zèle et son vif désir de marcher toujours une des premières dans la voie du progrès, ce compte rendu ne sera donc qu'une revue succincte des principales questions à l'ordre du jour, pendant l'année qui vient de s'écouler.

Quant au rapport particulier sur les exploitations agricoles qui ont pris part au concours ouvert par la Société pour le grand prix de 500 francs, il ne se fera plus désormais qu'en automne, époque à laquelle le prix sera donné successivement dans chaque chef-lieu d'arrondissement. Cette année, c'est à Lunéville qu'aura lieu cette distribution, qui se fera ensuite à Château-Salins, à Toul et à Sarrebourg.

Le nombre de concurrents et l'état de la culture dans chaque arrondissement ont servi de bases à la Société pour établir l'ordre du concours. L'arrondissement de Lunéville compte cette année 19 concurrents, nombre qui ne s'est jamais présenté dans tout le département depuis l'existence de la Société. C'est la meilleure preuve, Messieurs, que nos travaux commencent à produire les plus heureux résultats, et nos commissions doivent s'attendre désormais à ne plus éprouver que l'embarras du choix. Cette année déjà, cet embarras sera sérieux, et, il faut bien le reconnaître, ce n'est pas là une des moins graves difficultés qu'ont à surmonter ceux de vos membres chargés des tournées agricoles. Ces excursions, pour être bien faites, finiront par devenir tellement coûteuses et tellement embarrassantes, que l'administration se verra, sans aucun doute, dans la nécessité de prendre des mesures particulières pour leur exécution. Une nouvelle organisation vient d'être donnée, il est vrai, aux Sociétés, aux Comices du royaume, et il faut espérer qu'il en résultera du bien ; mais, dans un grand nombre de localités, une organisation véritable sera assez difficile à établir.

L'année qui vient de s'écouler, Messieurs, est une de celles dont on conservera bien longtemps encore le souvenir; car elle a été marquée par une de ces calamités qui rappellent aux peuples leur origine, et, aux Sociétés comme la vôtre, le rôle qu'elles sont appelées à jouer pour répondre au but de leur institution. L'ancien continent a failli perdre une de ses ressources les plus précieuses, qu'il doit au nouveau ; et, si un moment de panique et une année de misères pour certains pays ont seuls justifié cette crainte presque générale, le monde agricole et le monde scientifique ne s'en sont pas moins émus aux premiers cris de détresse. Aujourd'hui que le calme et la confiance sont rentrés dans les esprits, aujourd'hui que les populations se rassurent à la vue des récoltes que l'année leur promet, les enquêtes se continuent, les expériences se suivent avec la même ardeur ; depuis le simple cultivateur jusqu'au ministre, chacun veut concourir à la recherche du mal et trouver le moyen de le guérir ; et une année sans doute ne se passera pas avant qu'on n'ait complétement résolu ce problème, qui intéresse à un si haut point l'avenir des nations.

Jusqu'à présent on est à peu près d'accord sur la cause première du mal : ce sont les agents atmosphériques, c'est l'humidité constante de l'année, et par contre celle du sol, qui ont amené la maladie de la pomme de terre. Mais comment et à quelle époque ces agents ont-ils agi ? sous quelle influence bien déterminée les plantes se sont-elles trouvées dans le milieu humide où elles ont vécu? comment aurait-on pu garantir les plantes du mal qui les attaquait? quels moyens de conservation faut-il employer en cas semblable?

quel usage faut-il faire des plantes avariées? nuisent-elles au bétail? conviennent-elles pour les distilleries, ou donnent-elles de la fécule? des tubercules avariés employés comme semence conservent-ils le germe de la maladie de façon à le communiquer aux plantes qui peuvent en provenir? le sol où l'on a récolté des pommes de terre avariées ne peut-il pas lui-même conserver des germes, qu'il communiquera à la nouvelle récolte? Telles sont les questions pour lesquelles on ne sera parfaitement d'accord que lorsque l'expérience aura décidé. Les résultats de l'année sont bien concluants pour quelques-unes : ainsi on est à peu près certain que les pommes de terre avariées donneront plutôt de la fécule que de l'alcool ; mais, pour les autres, tant de suppositions ont été faites, tant de résultats plus que douteux ont été publiés, tant de systèmes enfin ont été établis, les uns par les hommes de sciences, les autres par les gens de l'art ou de la pratique, dont les observations sont les plus importantes dans ce cas, qu'il faut attendre pour décider avec une véritable connaissance de cause (1). Croyons néanmoins, avec M. le ministre, que l'altération des pommes de terre en 1845 ne sera plus à l'avenir qu'un fait historique dont la science approfondira les mystères et préviendra le retour.

L'année 1844-45 avait été une des plus désastreuses pour les bêtes bovines de nos localités; et, si heureusement on était parvenu à se préserver du typhus, il avait été loin d'en être de même pour la péripneumonie, qui a fait périr

---

(1) Voir *Bon Cultivateur*, année 1845, p. 304, 344, 359, 405, 504 ; 1846, p. 25.

jusqu'à la dernière bête dans certaines étables. A peine était-on débarrassé de ce fléau, à peine la confiance commençait-elle à renaître chez les cultivateurs dont les intérêts avaient été le plus gravement atteints, qu'un autre agent destructeur est venu porter la mort dans presque toutes nos bergeries. Bien peu, en effet, ont pu être préservées de la cachexie, cette maladie qui exerce toujours plus ou moins ses ravages dans les années humides. Certaines personnes ont voulu trouver pour la cachexie la même cause que pour la maladie des pommes de terre, et toutes les deux elles les ont attribuées à certaines influences atmosphériques qui se sont produites pendant le courant d'août. Quoiqu'il en soit de cette origine commune, il est certain du moins que, pour la cachexie, une température humide et une nourriture aqueuse sont les deux principales causes qui l'occasionnent. Cette année, néanmoins, on a pu constater ce fait, que des agneaux constamment nourris à la bergerie, et recevant les aliments les moins propres à produire la cachexie, ont pourri tout aussi bien que les bêtes entretenues au pâturage. C'est là un résultat bien exceptionnel; car généralement les exploitations placées sur des hauteurs et sur des terrains secs sont celles dont les bergeries ont le moins souffert (1). Dans nos tournées agricoles, nous avons même trouvé à Barbonville, chez M. *Pelet*, une bergerie parfaitement saine, quoique les terres de la ferme soient généralement assez froides et humides. Les soins constants que les bêtes avaient reçus leur avaient permis de résister aux influences du mal.

Mais le cultivateur, dont les résultats financiers ont eu

---

(1) *Bon Cultivateur*, année 1846, p. 59.

tant à souffrir de la maladie des pommes de terre et de la cachexie, a-t-il pu se dédommager du moins sur d'autres récoltes? les céréales, qui forment le produit principal dans la plupart des exploitations, ont-elles pu combler le déficit qui existait sous d'autres rapports ? Tous ceux d'entre nous qui exploitent, Messieurs, ont déjà répondu à cette question; car tous savent combien a été faible le rendement des blés de cette année. La carrière agricole, si belle à parcourir à tant d'égards, a donc aussi, comme toutes les autres, de durs moments, et, dans sa lutte incessante contre les intempéries, le cultivateur doit s'attendre chaque jour à de nouveaux revers. Après avoir poursuivi pendant bien des années un résultat, objet de ses rêves et de ses sacrifices, il verra souvent tout s'évanouir la veille de la récolte. A côté de ces difficultés, Messieurs, qui ont été de tous les temps, s'en présentent d'autres qui de nos jours ont pris des proportions extraordinaires : nous voulons parler de l'augmentation toujours croissante du prix des fermages. Partout les loyers ont presque doublé, et les prétentions des propriétaires sont telles dans certains cas, qu'il y a plus d'avantages pour un exploitant à rester sans ferme que de cultiver. Aujourd'hui plus que jamais celui-là seul cultivera avec profit qui aura, non plus la conscience du métier, mais les connaissances de l'art qui lui permettront de tirer tout le parti possible de sa position. Plus que jamais aussi on doit comprendre la nécessité de l'instruction agricole, pour la propagation de laquelle l'administration supérieure a tant fait depuis plusieurs années.

Plus il y a de difficultés à surmonter, plus grands aussi doivent être les efforts privés et les efforts du Gouvernement, sans lesquels les premiers n'obtiendraient aucun résultat bien manifeste.

Depuis la révolution de juillet, de nouvelles améliorations sont venues chaque année témoigner de la sollicitude de l'administration pour un art qu'on avait presque complétement délaissé jusque là ; mais c'est surtout dans ces dernières années qu'on a vu les différents pouvoirs accorder à l'agriculture une véritable protection. Tandis que M. le Ministre de l'Agriculture instituait à Poissy un concours où devaient venir lutter les principaux producteurs français ; en même temps qu'il exigeait des professeurs chargés de l'enseignement un diplôme de capacité, et qu'il réunissait à Paris le Conseil d'Agriculture ; lorsque, dans un autre département, on s'occupait de cette question majeure, le reboisement de nos montagnes : les chambres, sous l'influence des idées de l'époque, tournées presque tout entières vers le progrès matériel, s'occupaient de ces trois questions importantes : 1° L'établissement du droit d'octroi au poids à l'entrée des villes ; 2° la réduction de l'impôt sur le sel ; 3° les irrigations. La mesure concernant l'entrée du bétail dans les villes sera sans contredit la plus avantageuse ; car, en favorisant la vente des petites races, elle tournera à la fois à l'avantage du producteur et du consommateur. En effet, sous l'empire de la loi actuelle, il arrive que le kilogramme de viande d'un petit bœuf coûte quelquefois 20 à 25 centimes de plus que celui d'un gros ; et, tout le monde le sait, ce ne sont pas toujours ces derniers qui donnent la viande la plus délicate. Quant à la loi relative au dégrèvement de l'impôt sur le sel, sous l'influence de cette utile réforme, l'avenir ne tardera pas à démontrer, je pense, combien cette substance est importante pour l'agriculteur.

Il reste beaucoup à faire, Messieurs, pour notre agriculture, et le gouvernement seul est en demeure de poursuivre ces vastes projets d'améliorations capitales dont le monde agricole est rempli en ce moment. Mais bien souvent aussi on a voulu l'impossible, et l'on a rejeté sur l'administration un tort dont le temps seul pouvait être responsable. Aujourd'hui seulement qu'une sorte d'organisation a été appliquée à l'agriculture, aujourd'hui que des délégués du Gouvernement parcourent la France et apprécient les besoins de chaque localité, on pourrait s'étonner si une impulsion plus grande n'était imprimée à l'agriculture. Mais cette impulsion est donnée ; chaque jour elle se manifeste par de nouveaux résultats, et, dans toutes les branches de l'administration, les efforts sont communs pour arriver au même but. Au reste, il faut bien se le dire, Messieurs : si l'administration supérieure peut beaucoup, les administrations locales peuvent plus encore en faveur des progrès agricoles, et, sous ce rapport, notre Société est une des plus favorisées. La sollicitude éclairée de M. le préfet et la bienveillance du conseil général lui ont prouvé cette année, d'une manière plus évidente encore que par le passé, que ses travaux trouveront toujours l'appui et la protection dont ils ont besoin.

Depuis longtemps, Messieurs, l'administration s'est plu à nous répéter, et je suis heureux et fier de le constater ici, que votre Société est une de celles dont les travaux ont été couronnés des plus heureux résultats. Comment se fait-il donc qu'en présence d'un semblable aveu, on laisse aussi longtemps dans l'oubli l'homme dont le zèle et l'activité ont pu seuls donner à nos réunions l'importance qu'elles ont acquise ? Il ne suffit pas, en effet, pour qu'une Société marche bien, qu'elle soit composée d'hommes dévoués et bien pénétrés de l'importance de leur mission : il lui faut surtout un centre d'action, un moteur éclairé qui la guide dans tous ses travaux et donne à ceux-ci l'impulsion et la direction dont ils ont besoin. La Société de Nancy, grâce à son zélé et savant Secrétaire, se trouve heureusement dans ces conditions, et elle recevrait comme une distinction qui lui serait propre, celle que l'on accorderait à l'homme qu'elle regarde à juste titre comme l'âme de ses travaux.

Dans le but d'amener le plus tôt possible sur toute l'étendue de notre territoire une véritable organisation de l'agriculture, le gouvernement a pris une mesure ayant pour but de réduire à une seule par département le nombre des Sociétés d'Agriculture ; mais il crée en même temps un comice par canton, et les travaux de ces derniers se trouvent centralisés au comice d'arrondissement. Cette nouvelle mesure n'a plus permis à la Société de Pont-à-Mousson d'exister sous son premier titre, et à l'avenir elle devra se confondre avec le comice d'arrondissement, qui compte sur le zèle dont elle a donné tant de preuves, pour l'aider dans ses travaux.

En même temps que les Sociétés s'organisent, on voit aussi se créer de toutes parts de nouveaux congrès, qui, embrassant toute une circonscription de territoire, traitent chaque question sous un point de vue plus général pour chaque localité. Ainsi, après le congrès breton, nous avons eu les congrès normand, poitevin, le congrès du Nord et sous peu celui de Toulouse. Espérons que bientôt aussi Nancy aura son congrès : l'occasion qui va se présenter, lors de l'inauguration de la statue *Dombasle*, est des plus favorables, et la Société, secondée par les autorités locales, ne manquera pas d'en profiter. Pour ce qui regarde le congrès de Paris, il n'a peut-être pas produit tous les résultats qu'on en attendait d'abord ; car toutes les discussions y ont eu lieu, tous les vœux y ont été émis sous l'influence d'une précipitation qui leur ôtait tout caractère sérieux. Mais le congrès a eu du moins cela d'avantageux qu'établi au sein même de la capitale, il a attiré l'attention de tous les esprits vers l'agriculture, à laquelle aujourd'hui personne ne veut plus rester étranger dans aucune classe. Si au congrès les questions ont été traitées trop légèrement pour être approfondies, on a su du moins qu'il fallait s'en occuper, et, une fois l'opinion publique saisie d'une amélioration, il est bien rare que l'avenir ne se charge de la compléter. Paris, au reste, destiné plus que jamais à réaliser le rêve de Vauban, c'est-à-dire, à devenir pour la France ce que la tête est au corps, Paris ne peut manquer d'être à l'avenir le centre où iront se vider les grandes questions agricoles aussi bien que les hautes questions politiques. Déjà la Société royale et centrale d'Agriculture, sous l'habile direction de son nouveau Secrétaire, semble vouloir jouer en France le même rôle que le bureau d'Agriculture institué par *John Sinclair* en Angleterre. Ce n'est en effet que lorsque la Société royale entrera en relation avec toutes les Sociétés du royaume, qu'elle pourra se dire en demeure d'agir, comme son titre le porte, sur toute la surface du pays.

Dans la Meurthe, bien des préjugés devront encore disparaître, bien des méthodes défectueuses devront être changées, avant que nous puissions nous croire en pleine voie d'améliorations. Mais aujourd'hui déjà nous avons à constater un résultat bien consolant : c'est l'universalité, en quelque sorte, de l'emploi des instruments perfectionnés d'agriculture. Là se trouve la meilleure preuve du progrès; et quelle joie n'éprouverait-il pas, cet agronome célèbre dont nous pleurons encore tous la perte, s'il était témoin qu'il sort aujourd'hui de sa fabrique autant d'instruments pour le seul département de la Meurthe que pour le reste de la France ? Les réformateurs trouveront dans l'histoire de la fabrique de Roville la leçon la plus instructive et la plus utile ; c'est là qu'ils pourront apprécier la force d'une routine contre laquelle *Mathieu de Dombasle* a dû lutter pendant près de 20 ans, avant de convaincre. Mais aujourd'hui les rôles sont changés : tel cultivateur qui, il y a 15 ans, aurait craint de se couvrir de ridicule en se servant des instruments perfectionnés, craindrait bien plus aujourd'hui pour son honneur et surtout pour ses intérêts s'il discontinuait de les employer.

En fait d'améliorations, il en est une dont l'importance est mieux sentie tous les jours, mais dont on tient trop peu de compte encore dans certaines communes du département. Je veux parler de la mise en état des chemins communaux et des chemins d'exploitation. La loi de 1833 et l'activité des agents de l'administration ont fait beaucoup déjà pour les voies de communication ; mais les autorités locales doivent prendre aussi pour elles une bonne partie de la besogne, si elles veulent que les choses marchent rapidement. Aujourd'hui nous avons encore des communes où les chemins sont impraticables pendant toute la mauvaise saison ; et ceux-là même qui sont le plus intéressés à la mise en état de ces chemins, sont bien souvent les moins disposés à y travailler. Dans cette circonstance comme dans beaucoup d'autres, les maires des campagnes peuvent rendre d'immenses services à leurs administrés, et nous croyons qu'elles seraient parfaitement bien employées, les récompenses qui seraient accordées à ceux qui rempliraient le mieux leur mission sous ce rapport. Nous sommes persuadés que quelques médailles en or ou en argent accordées chaque année, soit par l'administration, soit par la Société d'Agriculture feraient le plus grand bien.

D'une part la péripneumonie et d'une autre la cachexie

aqueuse ont apporté un retard de plusieurs années dans l'amélioration de notre bétail ; cependant les essais ne s'en sont pas moins poursuivis dans les croisements, et on paraît toujours satisfait des métis Dishleys. Quant aux Durhams, ils ne sont pas encore en grande faveur dans le département, et les produits obtenus à Remicourt ont presque tous été vendus dans les Vosges. On conçoit du reste le peu d'empressement qu'apportent nos cultivateurs à introduire la race anglaise dans leurs étables, lorsqu'ils sont contents de la race suisse. L'expérience et le temps pourront seuls les décider, en admettant toutefois que les premiers résultats se trouvent confirmés.

A la question du bétail se lie essentiellement celle d'une industrie qui a fait d'assez grands progrès chez nous depuis plusieurs années : c'est l'art de la distillation, qui, seul pour ainsi dire, permet dans le plus grand nombre des localités de nourrir le bétail d'une manière économique et profitable. Si on donne les racines sans leur avoir fait subir aucune transformation, la viande ou le fumier coûtent trop cher d'après le prix actuel de la main-d'œuvre et le loyer des terres. Par la distillation on a donc le double avantage de créer une substance très-utile, ne fût-ce que pour l'éclairage, et de permettre l'engraissement des animaux à un prix avantageux, et pour le producteur et pour le consommateur. Pourquoi alors n'accorde-t-on pas aux distillateurs de pommes de terre les mêmes avantages qu'aux distillateurs de cru, en les débarrassant de l'exercice ? Une réclamation rédigée par M. le baron *Daurier* (1), va être adressée par la Société au Congrès de Paris, et il faut bien espérer qu'elle

(1) *Bon Cultivateur*, année 1846, p. 67.

aura pour but d'appeler l'attention publique sur un point qui touche de si près à l'agriculture du nord-est de la France.

Si, après avoir examiné d'une manière générale les questions qui ont dû attirer plus particulièrement votre attention, nous passons ensuite en revue celles qui concernent plus spécialement la localité, et dont vous vous êtes surtout occupés dans vos conférences agricoles ; nous verrons figurer en première ligne l'idée d'une Statistique agricole du département. Cette statistique serait moins une réunion de chiffres qu'un historique de l'agriculture dans chacun des cantons du département. La pensée d'un travail aussi utile est due à votre honorable collègue M. *Fawtier*, et, si on n'a pu jusqu'à présent en poursuivre la réalisation, cela tient à des empêchements qui n'existeront plus, il faut bien l'espérer, pour l'année qui va commencer.

En fait d'instruments nouveaux, vous vous êtes occupés des charrues *Bonabel* et *Perrin*, du faucilleur de Rosières, dont le travail, lors de la Réunion agricole, n'a malheureusement pas encore répondu à vos désirs, et enfin, de la machine à battre de *Claude Geoffroy* de Housséville. Une commission que vous avez nommée vous a rendu compte, il y a quelques jours, du travail de cette dernière machine.

Sous le rapport des attelages, le sieur *Ragot* vous a fait connaître une méthode qu'il dit de son invention et qui consiste à mettre les chevaux dans la raie sans que les traits leur occasionnent la moindre gêne.

La question du choix à faire entre les chevaux et les bœufs, comme animaux de trait, a été également soulevée dans une de vos conférences, et, pour quelques partisans des attelages de bœufs, il y avait un grand nombre d'amateurs des chevaux. Ces derniers animaux, en effet, remplacent les bœufs partout où la culture s'améliore, et ils sont indispensables pour une infinité de travaux agricoles qui veulent être exécutés promptement. Mais cela n'ôte rien au mérite des bœufs pour les localités pauvres, et dans les années où les fourrages ont peu de valeur.

Pour la première fois, Nancy a eu cette année sa foire aux laines ; elle a été loin d'être brillante, il est vrai ; mais les cultivateurs n'étaient pas encore prévenus, et il est à supposer qu'elle attirera un plus grand nombre d'amateurs en 1846.On a beaucoup parlé aussi d'une halle aux blés; car les provisions qu'on amène aujourd'hui sur les marchés suffiraient à peine pour nourrir la volaille de la ville. Il a été question également d'un nouveau règlement de police pour l'abattoir; mais, tout cela, les cultivateurs ne doivent encore le voir qu'en perspestive.

A l'occasion de la cachexie, la conférence s'est aussi occupée du claveau et du piétin, dont on avait également à craindre les ravages dans nos localités, et chacun de vous a pu lire,dans les colonnes du *Bon Cultivateur,*la notice communiquée, à cet égard, à la Société, par votre collègue, M. *Turck*(1). C'est ici le cas de vous dire, Messieurs, l'heureuse extension qu'a prise, pendant le courant de l'année, l'école de Sainte-Geneviève. Le nombre des élèves a toujours été en augmentant, et il a atteint aujourd'hui le chiffre de 18.

Chaque année voit s'augmenter aussi le nombre des rapports ou des communications qui sont adressées à la Société. Parmi celles que vous avez reçues depuis le dernier compte rendu, nous vous rappellerons :

---

(1) *Bon Cultivateur*, année 1846, p. 59.

1° Lettre de M. *Fawtier* sur *Mathieu de Dombasle* (1).

2° Rapport sur la question de l'enseignement agricole, par M. *Bentz* (2).

3° Rapport sur le complément des premiers éléments d'agriculture de MM. *Bentz* et *Chrétien*, par M. *Poirel*, avocat général (3).

4° Notice sur la maladie des pommes de terre, par M. *Auguste Monnier* (4).

5° Rapport fait au nom de la Section des vignes et d'œnologie, par M. *Thomas* (5).

6° Nouvelles observations sur la fabrication des vins, par M. *Chrétien* (6).

7° Manière de prendre le miel dans les calottes ou couvercles des ruches Lombard, par M. *de Mirbeck* (7).

8° Rapport sur l'Exposition automnale, par M. *de Schaken* (8).

9° De l'amélioration de l'espèce chevaline dans la Meurthe, par M. *Jacob*.

10° Quelques considérations sur les douleurs rhumatismales du cheval, par *le même*.

11° De la maladie des pommes de terre, de leur récolte, de leur conservation et des moyens d'alimentation propres à les remplacer, par M. *de Myon*.

12° Des moyens d'augmenter la masse des substances alimentaires, destinées à la consommation de l'homme, par M. *Monnier* (9).

---

(1) *Bon Cultivateur*, année 1845, p. 271. — (2) *Idem*, p. 292. — (3) *Idem*, p. 299. — (4) *Idem*, p. 304. — (5) *Idem*, p. 315. — (6) *Idem*, p. 325. — (7) *Idem*, p. 338. — (8) *Idem*, p. 373. — (9) *Idem*, p. 403.

13° Note sur la courge amie des pauvres, par *le même* (1).

14° Réponses aux questions sur la récolte des pommes de terre, par MM. *de Scitivaux de Greische* et *Daurier* (2).

15° Rapport sur la théorie de l'aménagement des forêts de M. *Noirot-Bonnet*, par M. *Gouy* (3).

16° Destruction des limaces, par M. *Braconnot* (4).

17° Du droit de contrôle exercée par la régie en matière de distillerie, par M. le baron *Daurier* (5).

18° Rapport sur les votes du conseil général de l'agriculture, par M. *Moll* (6).

19° Rapport sur les Éléments d'agriculture et d'hygiène vétérinaire de M. *Magne*, par M. *Poirel* (7).

20° Rapport sur le traité de M. *Lecoq*, concernant l'hybridité des végétaux, par M. *Godron* (8).

21° Notice sur l'emploi de la chaux comme amendement, par M. le baron *Daurier* (9).

22° Moyen de recueillir les engrais, par M. *Besval* père (10).

23° Désinfection des matières fécales, par M. *Schattenmann* (11).

24° Quelques mots sur le crédit agricole, par M. *Moll* (12).

Enfin, les Sociétés de Lunéville et de Toul vous ont adressé, comme d'habitude, des rapports particuliers sur leurs travaux de l'année (13).

---

(1) *Bon Cultivateur*, année 1845, p. 422. — (2) *Idem*, p. 504, et année 1846, p. 25. — (3) *Idem*, année 1845, p. 509. —(4) *Idem*, p. 531.—(5) *Idem*, année 1846, p. 67.—(6) *Idem*, p. 7. — (7) *Idem*, p. 33. — (8) *Idem*, p. 35.— (9) *Idem*, p. 47. — (10) *Idem*, p. 51. — (11) *Idem*, p. 52. — (12) *Idem*, p. 94. — (13) *Idem*, année 1845, p. 483 et 490.

Je devrais vous parler aussi des travaux de la Section d'horticulture ; mais il m'a semblé qu'ils se confondaient tellement avec un rapport sur l'exposition, qu'il était convenable de les réunir. Peut-être ai-je fait connaître mon désir un peu tard, et M. le rapporteur de cette année n'aura-t-il pas eu le temps de suppléer à mon insuffisance. Mais, dorénavant, nous prendrons nos mesures pour que nos rapports soient complets.

Un changement important, vous le savez, Messieurs, a eu lieu cette année dans l'organisation de la Société : le nombre des membres ordinaires, qui n'était d'abord que de 40 a été porté à 50, et celui des membres libres a été porté de 160 à 200. Cette augmentation dans le chiffre des membres actifs de la Société était devenue indispensable d'après le nombre toujours croissant des membres auditeurs, et, comme on le voit, la création de cette dernière classe a parfaitement répondu au but que s'était proposé son trop regrettable fondateur (M. *Mandel*).

Telles sont, Messieurs, les principales questions dont vous vous êtes occupés, les principales communications qui vous ont été adressées pendant le courant de l'année. Je les ai rappelées brièvement, trop brièvement, peut-être; mais, si, sous ce rapport, l'exacte verité en souffre, vous me le pardonnerez, en songeant que j'ai dû faire tous mes efforts pour répondre à la juste impatience du plus grand nombre des membres de cette réunion.

Encore quelques instants, Messieurs, et cette impatience sera satisfaite ; car pour compléter ma tâche, il ne me reste plus qu'à vous rappeler en peu de mots le résultat des différents concours ouverts par la Société.

Concours de 1846.

Primes pour l'irrigation des prairies et pour la production des plantes fourragères.

Dans le but très-louable de hâter le plus possible l'époque où la production du bétail sera en rapport avec les besoins de notre population et de notre sol, le gouvernement a demandé qu'une partie des fonds qu'il accorde à la Société fût affectée à la création de trois primes de 200 fr. chacune, la première pour les irrigations, la deuxième pour les plantes sarclées et la troisième pour les plantes fourragères. Cette année aucun concurrent ne s'étant présenté pour le prix des irrigations, les deux autres seuls ont pu être accordés, le premier pour les plantes sarclées à M. *Euriat*, cultivateur à Roville, le second pour les prairies artificielles à M. *Viriot* de Pixerécourt. On doit s'étonner que, dans un département où l'agriculture a fait déjà de véritables progrès, une des opérations les plus importantes, la pratique des irrigations, soit aussi peu comprise. Ce n'est pas sous notre climat, cependant, qu'on peut regarder l'eau comme inutile aux prairies; car, à 5° plus au nord, on en retire encore un très-grand avantage. Pour l'année prochaine, il est vrai, plusieurs concurrents se sont déjà présentés, mais il serait encore à désirer qu'ils fussent plus nombreux; car ce n'est pas seulement l'irrigation par elle-même qui est avantageuse : ce sont les opérations d'assainissement et autres dont elle est accompagnée, qui produisent souvent le résultat principal. On pourrait compter en effet la moitié de nos prés qui ne produisent pas en moyenne une demi-récolte, soit parce qu'ils sont mal assainis, soit parce qu'ils sont appauvris ou mal composés. Dans des circonstances semblables, il est bien certain que c'est un fort mauvais service à rendre à un fermier que d'exiger qu'il conserve en nature de prés des terres qui, mises en culture pendant quelques années pour être rétablies ensuite en prés, donneraient deux ou trois fois plus de produits. La question des prairies naturelles est donc une de celles sur lesquelles doit se reporter toute l'attention, toute la sollicitude de la Société.

Prix Lippmann pour la culture des féverolles.

La famille de feu M. *Lippmann* avait, conformément à ses dernières volontés, mis à la disposition de la Société une somme de 150 fr. D'après le rapport d'une commission nommée à cet effet, il a été décidé que cette somme serait destinée à fonder un prix pour la meilleure culture de féverolles et servirait à l'acquisition d'un instrument d'agriculture, au choix du cultivateur le plus méritant. M. *Husson* d'Haussonville, qui depuis plusieurs années déjà cultivait la féverolle avec beaucoup d'avantages, a été jugé par votre commission digne d'obtenir ce prix.

Prime pour l'utilisation des eaux de fumiers.

C'est encore ici ou jamais le cas de reconnaître l'influence du temps, des bonnes idées dont la propagation devient tous les jours plus facile, par suite d'une instruction plus grande, sur l'esprit de routine, si on ne veut dire plus, qui a régné jusqu'à présent au sein des campagnes. Comprend-on qu'à notre époque encore on persiste à donner asile à l'insalubrité, à l'infection, dans ces mêmes foyers d'où ne devrait sortir que la richesse? Un calcul bien simple cependant nous fera toucher la plaie du doigt en nous faisant connaître notre perte. En admettant que, dans chacune des 700 communes qui composent notre département, on ne perde chaque année que pour 300 fr. d'engrais (et ce n'est probablement pas la moitié de ce que l'on pourrait compter), c'est une valeur de plus de 200,000 fr. Mais la perte en elle-même, quoique bien considérable, est encore très-peu de chose en comparaison des conséquences funestes qui en résultent sous d'autres rapports pour les populations. Votre Société ne pouvait rester en présence d'un mal aussi grave, sans chercher à y porter remède; aussi avait-elle fondé depuis plusieurs années deux primes, l'une de 60 fr. et l'autre de 40 fr., qui ont formé pour 1846 un prix unique de 100 fr. Ce prix, Messieurs, n'a jamais été aussi bien mérité, peut-être, que cette année, et votre commission s'est trouvée d'autant plus heureuse de vous proposer pour lauréat M. *Léon Husson*, d'Haussonville, qu'elle a trouvé dans ce jeune cultivateur toutes les qualités d'un excellent praticien qui avant tout raisonne parfaitement tout ce qui tient aux constructions. M. *Husson*, auquel on doit déjà un nouveau perfectionnement dans le rigoleur, ne s'est pas contenté en effet de faire une simple fosse à purin : au moyen de sceaux convenablement disposés et qui se remplissent et se vident alternativement, le purin arrive dans une auge, puis de là dans le tonneau pour être conduit dans les champs. La première construction de M. *Husson* était un peu trop massive peut-être pour que le travail pût être exécuté par un seul homme ; mais c'est là le moindre des inconvénients, car chacun sera libre de faire une charpente un peu moins solide.

Prime pour la multiplication des bêtes à cornes.

Depuis longtemps, Messieurs, la Société accorde deux primes, la première de 100 francs et la seconde de 50 pour les plus beaux élèves dans l'espèce bovine. Sous ce rapport l'amélioration a été grande dans ce département depuis plusieurs années, et, sans le fléau destructeur qui a dépeuplé un si grand nombre d'étables, nous aurions aujourd'hui les plus beaux résultats à constater. Mais le mal est sans remède, et, pour un bon nombre de cultivateurs, plusieurs années encore devront s'écouler avant qu'ils puissent de nouveau se mettre sur les rangs pour les prix qu'offre votre Société. L'année d'ailleurs a été mauvaise pour les fourrages, et cette réunion de circonstances fâcheuses ne pouvait vous faire espérer cette fois un concours brillant : aussi trois cultivateurs seulement sont entrés en lice ; mais la beauté des élèves qu'ils vous ont présentés a pu vous donner la plus grande confiance pour l'avenir. A côté du regret du passé, vous avez eu comme dédommagement la satisfaction du présent, et votre commission s'est trouvée véritablement heureuse d'avoir à vous demander des primes aussi bien méritées. C'est à Champigneules que nous avons trouvé les plus beaux élèves, et là nous avons pu constater l'influence du genre de nourriture sur le développement des germes animaux. M. *Brice* a alimenté pendant tout l'hiver en grande partie avec des résidus de distilleries, et ce genre de nourriture a fait prendre à ses bêtes un développement qu'on aurait en vain cherché d'obtenir par tout autre moyen. Il y a donc ici plus que la question d'économie mise en avant : c'est encore celle de la possibilité. Après M. *Brice*, dont les animaux étaient réellement pour leur âge de toute beauté, venaient MM. *Louis* de Tomblaine et *Lemoine* de la Bouzule. Chez ces deux cultivateurs, dont il n'est pas nécessaire de vous rappeler ici tout le mérite, les animaux étaient moins beaux que chez M. *Brice*; mais, eu égard à l'année et aux produits des autres étables, ils étaient fort remarquables encore, et la commission a cru devoir vous proposer, Messieurs, de convertir les deux primes de 100 et 50 francs en deux autres de 75 fr., dont l'une serait accordée à M. *Lemoine* et l'autre à M. *Louis*. Quant à M. *Brice*, comme membre ordinaire, les honneurs seuls peuvent lui être décernés. Il resterait beaucoup à vous dire encore, Messieurs, sur cette vaste question qui embrasse dans ses détails presque toutes les autres branches de la culture; mais je sens que j'ai trop abusé de votre temps déjà, et je réserve pour le compte rendu sur l'exhibition de ce jour, les observations qui pourraient encore intéresser l'agriculture de notre département.

Outre ces différentes primes, Messieurs, vous avez accordé, en dehors de votre programme, une médaille d'argent à M. *Laurent*, instituteur à Gripport. Par son intelligence et son vif désir de faire progresser l'agriculture, par les défrichements et épierrements qu'il a fait effectuer lui-même, M. *Laurent* a paru digne à tous égards à votre commission de cette récompense particulière.

Réunion agricole et Concours de charrues.

Chacun se rappelle combien le mauvais temps avait rendu triste le concours de 1845. On a dû craindre pour un instant qu'il n'en fût de même pour 1846, et que le même sort qu'avaient éprouvé les *Francs* ne fût réservé aux *Ervandes*. La journée du dimanche, 26 avril, qui s'était d'abord annoncée sous les apparences les plus favorables, s'est en effet changée tout à coup, et la pluie a duré pendant toute la matinée. Malgré ce fâcheux contre-temps, la besogne s'est faite néanmoins avec la plus grande régularité, et M. le Préfet, dont la haute et bienveillante sollicitude est acquise à toutes vos réunions et à tous vos travaux, n'a pas craint de venir couronner lui-même les lauréats. Honneur, Messieurs, au magistrat qui sait ainsi relever un art auquel les gouvernements, comme les familles, doivent leur bonheur présent et leur prospérité à venir!

Chercher, Messieurs, à vous tracer ici un tableau exact quant au coup d'œil de la Réunion des Ervandes, serait chose assez difficile; car l'atmosphère nous laissait pour ainsi dire sans horizon, et l'état des campagnes environnantes devait rester pour nous un mystère. Néanmoins, si un plaisir des plus agréables vous a été refusé, vous avez été dédommagé sous un autre rapport, par la vue de cet immense concours de populations qui se pressaient à l'envi sur le champ de la lutte.

Le mauvais temps n'avait pu les arrêter; car, pour elles, c'était un spectacle tout nouveau que ces attelages, les uns de 4 chevaux, les autres de 2, conduisant des charrues inconnues encore dans certaines communes des environs. Une semblable curiosité témoigne de l'esprit qui anime les populations du canton de Vic, et on concevra leur étonnement lorsqu'on saura qu'à 4 kilomètres des Ervandes, il n'est pas rare de rencontrer des charrues attelées de 10 ou 12 chevaux. On comprend qu'avec des frais d'attelages semblables, la culture ne peut qu'être misérable et ruineuse. C'est donc un immense service que vous avez rendu à ces populations en allant planter au milieu d'elles votre tente et votre drapeau; et, s'il est bon d'encourager ceux qui marchent, il est plus avantageux encore de donner des exemples utiles à ceux qui s'obstinent à rester en arrière.

Le nombre des charrues au concours des Ervandes a été de 18. C'était assez pour que l'appréciation fût juste et facile ; mais, si le mauvais temps n'était venu arrêter une partie des concurrents, il est bien certain que vous auriez eu, comme dans vos belles réunions, au moins 30 charrues. Les attelages étaient pour la plupart magnifiques, et cela est d'autant plus honorable pour nos cultivateurs, qu'ils ont eu plus de difficultés à vaincre pour maintenir leurs animaux en bon état. La médaille pour les plus beaux élèves a été obtenue par M. *Lemoine* de la Bouzule, qui, comme vous le voyez, ne s'occupe pas spécialement d'une partie de son bétail pour négliger les autres, comme le font trop de cultivateurs. MM. *Martin*, de Rindebois, et *Arnoux*, de Vie, présentaient en concurrence leurs attelages pour la médaille que l'on accorde aux plus belles juments; mais la condition du programme est que les animaux aient pris part au concours, y aient conduit une charrue. Cette condition n'ayant pas été remplie par l'attelage du propriétaire de Rindebois, la médaille est revenue de droit à M. *Arnoux*. Du reste, le jury a vivement regretté de ne pouvoir adresser que des compliments de félicitation à M. *Martin*, dont la réputation d'excellent praticien est faite depuis longtemps dans le pays. M. *Arnoux*, qui débute dans la carrière agricole, promet d'être bientôt un des meilleurs cultivateurs de son canton.

Les trois prix des charrues ont été vivement disputés, et cette fois encore vous avez pu apprécier l'exactitude des moyens d'appréciation dont vous vous servez depuis plusieurs années. Pour les trois premiers prix, sur quatre, la commission des praticiens s'est trouvée parfaitement d'accord avec les chiffres des deux autres commissions, et ce serait en vain, je crois, qu'on voudrait chercher un moyen de contrôle plus sûr que ces trois commissions agissant isolément et ne plaçant leurs notes qu'en face de numéros, sans connaître aucun nom. Seulement il serait avantageux peut-être de mieux répartir le travail et les points entre les deux commissions principales du jury; car la première, qui ne détermine que les profondeurs et l'état des attelages, dispose de trop peu de points dans la balance, comparativement à l'autre. Ne serait-il pas bien aussi de confier tout le travail pratique à une commission choisie exprès, et celui des mesures à des hommes habitués à ce genre d'opération ? Ce sont des modifications auxquels il sera bon d'avoir égard, je crois, pour le prochain concours (1). Quant à beaucoup d'autres changements dont on a parlé, en admettant qu'ils soient avantageux, je suis loin de les croire aussi faciles à exécuter qu'on pourrait le supposer; car les commissions ne se forment pas toujours comme on le croit, les opérations ne marchent pas toujours avec cette régularité qu'on leur imprimerait si on pouvait être partout dans le même moment, et, en général, nous croyons qu'il est bon de se rappeler que ceux-là qui sont à l'œuvre peuvent le mieux juger des difficultés du métier.

Le premier prix de charrues, d'après l'opinion unanime du jury, a été accordé à *Joseph Gérard*, ancien sous-chef de culture à Roville, actuellement chez M. le baron *Daurier*, à Varincourt, conduisant un araire Dombasle attelé de deux chevaux.

Le second prix a été accordé à M. *Blanpied* fils, cultivateur

---

(1) Ces propositions ont été examinées dans la conférence du mois de mai dernier, et proposées à la Société, qui les a adoptées dans sa séance du 4 juin. *(N. du R.)*

à Salonne, conduisant une charrue Dombasle à avant-train.

Le troisième, qui de 30 fr. a été porté à 40, a été partagé entre *Humbert*, chez M. *Daurier*, à Varincourt, conduisant une charrue Dombasle à avant-train, et *Jean*, chez M. *Henry*, des Ervandes, conduisant une charrue Dombasle montée sur avant-train du pays et traînée par des bœufs.

Les charrues Dombasle, qui d'ailleurs étaient en grande majorité, ont donc obtenu cette fois encore les honneurs du combat, et, il y a plus même, c'est l'araire conduit par deux seuls chevaux qui a battu tous les autres instruments. C'est là la meilleure preuve des services que la charrue sans avant-train peut rendre dans une infinité de circonstances. Il n'y a donc pas plus d'instrument exclusif que de système absolu, et, si *Mathieu de Dombasle* lui-même a été pendant quelque temps à croire que la charrue sans avant-train pouvait aller dans tous les sols et dans toutes les conditions, il est bien vite revenu de son erreur, lorsque l'expérience lui a appris que, pour les terrains en pente, les sols pierreux, les labours superficiels, etc., l'avant-train devenait, dans la plupart des cas, indispensable. Depuis plus de dix ans déjà les charrues Dombasle sont faites de façon à pouvoir marcher avec ou sans avant-train, et elles conviennent ainsi pour toutes les conditions. Honneur et reconnaissance à l'homme illustre au génie et à la persévérance duquel notre département, la France entière doit un si grand bienfait ; mais honneur aussi à MM. *de Meixmoron-Dombasle* et *Noël*, dont les efforts sont de chaque instant pour conserver à la fabrique de Roville, la belle et juste réputation qu'elle s'est acquise ! C'est à Roville, Messieurs, qu'ont été construites les premières charrues perfectionnées qui ont paru en France ; c'est à Roville aussi qu'ont eu lieu, le 14 juin 1824, les premiers concours agricoles. La charrue Dombasle comptait alors sept années d'existence ; car, comme nous l'avons dit ailleurs, c'est le 18 février 1817 qu'un premier essai de ces instruments a été fait dans les environs de Nancy. Depuis cette époque, combien de changements n'a-t-elle pas subis et qui sait les modifications qui l'attendent encore dans l'avenir ! Pour le moment elle n'en reste pas moins l'instrument le plus utile et le plus parfait dans son genre. Honneur et gloire, Messieurs, aux laboureurs intelligents qui ont su la conduire si habilement dans vos concours ! mais honneur aussi aux concurrents malheureux, que la même réunion de circonstances n'a pu favoriser ; car tous ont bien mérité de la Société en donnant au pays un exemple dont l'avenir, il faut l'espérer, justifiera bientôt l'utilité.

Distribution des Prix.

La Société, après avoir entendu les rapports de sa Commission des concurrents et des divers jurys qu'elle a délégués, arrête que les récompenses offertes par ses programmes, et celles qu'elle a cru devoir accorder hors de ses concours, seront décernées dans l'ordre suivant :

Prix extraordinaire.

Médaille d'argent : à M. *Laurent,* instituteur à Gripport, pour les épierrements qu'il a effectués.

Prix Lippmann, pour la culture des féverolles.

Ce *Prix,* fondé par feu M. *Lippmann,* et qui consiste en un instrument d'agriculture du prix de 150 francs, est accordé à M. *Husson* père, d'Haussonville.

Prime pour les plantes sarclées.

La *Prime* de 200 fr., pour les plantes sarclées, est décernée à M. *Euriat* de Roville.

Prime pour les prairies artificielles.

La *prime* de 200 francs, pour les prairies artificielles, a été méritée par M. *Viriot* de Pixerécourt.

Prime pour l'utilisation des eaux de fumier.

La *Prime* de 100 fr., promise pour l'utilisation des eaux de fumier, est accordée à M. *Léon Husson*, d'Haussonville, qui a exposé le modèle de sa fosse à purin.

Concours des charrues.

La 1re *Prime*, de 75 francs, a été méritée par M. *Joseph Gérard*, conduisant la charrue n° 11, araire Dombasle, appartenant à M. le baron *Daurier*, de Nancy.

La 2e *Prime*, de 50 fr., a été décernée à M. *Blanpied* fils, de Salonne, conduisant la charrue n° 1, charrue Dombasle à avant-train, appartenant à M. *Blanpied*.

La 3e *Prime*, de 25 fr., portée à 40, a été partagée entre MM. *Humbert*, conduisant la charrue n° 14, charrue Dombasle à avant-train, appartenant à M. le baron *Daurier*, et *Jean*, conduisant la charrue n° 4, charrue Dombasle à avant-train, attelée de bœufs, et appartenant à M. *Henry* des Ervandes.

Une *Mention honorable* est accordée à M. *Honoré d'Albin*, conduisant la charrue n° 6, charrue Dombasle, à avant-train, lui appartenant.

Médaille d'argent pour le plus bel attelage : à M. *Lemoine*, de la Bouzule.

Médaille d'argent pour les plus belles juments ayant pris part au concours : à M. *Arnoux*, ancien avoué, propriétaire à Vic.

Garçons de charrue, marcaires et bergers.

La *Grande médaille*, avec un *livret* de 25 francs, est décernée à *Urbain Chantereine*, garçon de charrue chez M. *de Scitivaux de Greische*, à Villers-les-Nancy, depuis 13 ans, couronné en 1841.

Le 1er *livret des garçons de charrue* est accordé à *Claude Alba*, chez M. *Nicolas Grillot*, de Lemainville, depuis 18 ans.

Le 2e *livret*, à *Joseph Gaudel*, chez M. *Berbain*, de Thélod, depuis près de 10 ans (mentionné honorablement en 1845).

Le 3e *livret*, à *Jérémie Eyler*, chez M. *Prosper Lévylier*, à Champigneules, depuis 9 ans (mentionné honorablement en 1844 et 1845).

Aucun marcaire ne s'étant présenté, la Société a décidé que deux bergers recevraient des livrets.

Le 1er *livret des bergers* est accordé à *Nicolas François*, chez M. *François Marchal*, de Charmois, depuis près de 10 ans (mentionné honorablement en 1845).

Le 2e *livret des bergers*, à *Nicolas Gilet*, chez M. *Antoine-Nicolas Lamy*, de Custines, depuis 9 ans (mentionné honorablement en 1845).

La Société a décidé, en outre, qu'il serait accordé des *Mentions honorables* à 4 garçons de charrue et à 3 bergers, qui ont obtenus des certificats très-favorables. Elle les engage à persévérer dans leur bonne conduite et à se représenter l'année prochaine. Ce sont : Garçons de charrue :

Nicolas Barbas, chez M. *François André*, de Réméréville, depuis 8 ans 3 mois (mentionné honorablement en 1845); *Jean Favier*, chez M. *Louis*, de Tomblaine, depuis 8 ans (mentionné honorablement en 1844 et 1845); *Jean-Joseph Gobert*, chez madame veuve *Geoffroy*, à Réméréville, depuis 6 ans 2 mois (mentionné honorablement en 1845); *Philippe Galat*, chez M. *Charles-Victor Valentin*, de Martinbois, depuis 5 ans 3 mois (mentionné honorablement en 1845). Bergers : *André André*, chez M. *Nicolas Anclin*, de Manoncourt, depuis 7 ans 4 mois (mentionné honorablement en 1845) ; *François Maringué*, chez M. *de Scitivaux de Greische*, depuis 5 ans 1/2 (mentionné honorablement en 1844 et 1845); *George Engel*, chez M. *Gœtzmann*, de Nancy, depuis 4 ans.

Multiplication des bêtes bovines.

La 1re *Prime* est décernée à M. *Antoine Brice*, de Champigneules ; mais sa qualité de Membre ordinaire ne lui permettant d'en recevoir que l'honneur, les deux primes, formant ensemble une somme de 150 francs, sont réunies et partagées en *deux Primes* égales, de 75 francs chacune, en faveur de MM. *Louis*, de Tomblaine, et *Lemoine*, de la Bouzule.

Taureaux.

La *Prime* de 50 fr., pour les taureaux de 17 mois à 2 ans, est partagée , savoir : 30 fr. à M. *Gonet*, de Clairlieu, et 20 fr. à M. *Lavoyer*, d'Amance.

La *Prime* de 100 fr., pour les taureaux de 2 à 3 ans , eût été décernée à M. *de Scitivaux de Greische*, sans sa qualité de Membre ordinaire ; 20 fr. sont accordés à son marcaire , et 80 fr. à M. *Deville*, du Crosne.

Vaches.

Une *Prime* de 40 fr. est accordée à M. *Colson* de Nancy.

Une *Prime* semblable eût été méritée par M. *de Scitivaux de Greiche ;* 10 fr. sont accordés à son marcaire.

Deux *Primes* de 25 fr. chacune sont décernées à MM. *Bravard,* de Saint-Jean, et *Deville,* du Crosne.

Génisses.

La *Prime* de 30 fr., pour les génisses, est accordée à M. *Colson,* de Nancy.

Mention honorable à M. *de Scitivaux de Greische*, pour une génisse métise de Durham.

Métis de Dishley.

La 1re *Prime,* pour les agneaux de 2 à 3 ans, est partagée de la manière suivante : 1° 20 fr. au berger de M. *Turck,* Membre ordinaire, qui a présenté 200 agneaux et antenois ; 2° 20 fr. au berger de M. *Gœtzmann,* Membre ordinaire, pour 180 agneaux et antenois ; 3° 15 fr. au berger de M. *de Scitivaux de Greische*, Membre ordinaire, pour 94 agneaux et antenois : 4° 10 fr. au berger de M. le baron *Daurier,* Membre ordinaire, pour 10 béliers antenois.

La 2e *Prime*, de 50 fr., est accordée à M. *Pelet*, de Barbonville, qui a présenté 110 agneaux de 1 an à 2.

Porcs.

Il est accordé une gratification de 10 fr. au porcher de M. *Besval* père, Membre ordinaire, pour une truie de 28 mois, suivie de sa litée ; 10 fr. au porcher de M. *de Sciti-*

vaux de Greische, Membre ordinaire, pour une belle truie; et une *Prime* de 30 fr. à M. *Viriot*, de Pixerécourt, pour une truie anglo-chinoise.

Une *Prime* de 50 fr., à M. *Drouot*, de Butgnémont, pour un beau porc.

Exposition d'Instruments d'agriculture et d'horticulture.

Médaille d'argent, à M. *Léon Husson*, d'Haussonville, pour son Rigoleur.

Rappel de médaille d'argent, à M. *Célestin Devaux*, de Malzéville, pour ses outils de taillanderie.

Médaille de bronze, à M. *Poirson*, de Nancy, pour sa fabrique de pots à fleurs, qui mérite d'être encouragée.

Mentions honorables : 1° à M. *Léon Husson*, d'Haussonville, pour son modèle de fosses à purin;

2° à M. *Célestin Devaux*, de Malzéville, pour un nouveau rateau;

3° à M. *Serrière*, de Malzéville, pour ses chaises en fer.

M. *Simon*, de Rozières, a exposé un faucilleur, dont le travail a besoin d'être constaté, lors de la moisson prochaine.

M. *Liébaut*, du Pont-d'Essey, à Nancy, a exposé un égrappoir qui devra être essayé lors de la prochaine vendange.

M. *Lapique* a exposé deux instruments pour prendre le niveau des terrains, instruments remarquables par leur simplicité, leur utilité, mais qui n'ont rien de nouveau.

Amélioration des forêts.

Semis.

Deux *Accessits*, consistant chacun en une *médaille de bronze*, aux gardes *Sébastien Perrin* et *Thiébaut-Victor*

Vinot, pour leurs semis de Pin Sylvestre dans les bois communaux d'Allain-aux-Bœufs.

Plantations.

Une *Médaille d'argent* à M. *Toussaint Parisot,* maire de Marbache (repeuplement de 68 ares en pente rapide).

Une *Prime* de 30 fr. au garde communal *Nicolas Siret,* à Avrainville (repeuplement de 2 hect. 1/2).

Deux *Médailles de bronze* aux gardes communaux *Nicolas Royer,* d'Arracourt, et *Hubert Gourdin,* de Bulligny (plantations).

Mention honorable au brigadier communal *Nicolas Chenin,* de Gondreville (plantations).

(Extrait du *Bon Cultivateur.*)

NANCY, IMPRIMERIE DE VEUVE RAYBOIS ET COMP.

www.ingramcontent.com/pod-product-compliance
Ingram Content Group UK Ltd.
Pitfield, Milton Keynes, MK11 3LW, UK
UKHW020217180726
13838UKWH00005B/2050